Deutsche Gewerbekunst

Eine Arbeit über die Organisation des deutschen Werkbundes

von
D. Fr. Naumann

Berlin-Schöneberg
Buchverlag d. Hilfe
G.m.b.H. 1908

Umschlag, Titel und Initialen
——— zeichnete ———
Adolf Amberg, Charlottenburg.

Typographmaschinensatz der Deutschen Buch- und Kunstdruckerei, G. m. b. H.,
Zossen—Berlin SW. 11.

Am 5. und 6. Oktober 1907 wurde in München der

„Deutsche Werkbund"

begründet. Er besteht aus Künstlern, Unternehmern der Industrie und des Handwerks und sachverständigen Kunstfreunden und ist als eine geschlossene Gesellschaft gedacht, der man nicht beliebig beitreten kann, sondern von deren Leitung man aufgefordert sein muß, um dazu gehören zu dürfen. Vorsitzende des Ausschusses sind Professor Theodor Fischer in Stuttgart und Hofrat Peter Bruckmann in Heilbronn. Unter den Ausschußmitgliedern befinden sich Professor Behrens-Berlin, Dr. Dohrn-Dresden, Professor Kautzsch-Darmstadt, Karl Klingspor-Offenbach, Professor Pankok-Stuttgart, Professor Läuger-Karlsruhe, Professor Br. Paul-Berlin, Ernst Pöschel-Leipzig, Professor Riemerschmid-München, Professor Scharvogel-Darmstadt, Dr. Pantenius-Leipzig, Professor Schumacher-Dresden, Gottl. Wilhelm-München, Professor Hoffmann-Wien und Professor de Praetere-Zürich. Da bis heute noch keine Statuten fertiggestellt worden sind, so müssen diese Namen als Grundlage für die Erkenntnis der Bundeszwecke dienen. Aus ihnen ergibt sich, daß der Werkbund innerhalb des deutschen Sprachgebietes arbeiten und somit eine nationale Kunstorganisation sein will, ein Punkt, auf den wir später noch ausführlicher zurückkommen, ferner, daß der Werkbund alle räumlich gestaltenden Kräfte zu umfassen sucht außer der Bildnismalerei im engeren Sinne des Wortes, und daß er von vornherein hervorragende Künstler und Unternehmer in sich schließt, die für die Güte und geistige Höhe der neuen Gemeinschaft eine persönliche Garantie zu übernehmen wohl in der Lage sind. Der Werkbund will ein Bund der Schaffenden sein, und die Gestaltungskräftigen sollen und wollen in ihm die Führung haben. Wenn er im Laufe der Zeit auch Männer und Frauen aufnehmen wird, die nicht selbst Künstler oder Gewerbetreibende oder Angestellte und Arbeiter an Kunstindustrien sind, so müssen diese anderen, zu denen sich auch der Schreiber dieser Zeilen rechnet, von vornherein wissen, daß wir nur Hilfskräfte einer Bewegung sein können, die von den künstlerisch Gestaltenden und gewerblich Schaffenden getragen wird. Wir können nur gelegentlich mithelfen, daß der Bundesgedanke auch von den übrigen Teilen des Volkes verstanden wird. Das aber ist wünschenswert, denn keine Kunstbewegung kann ohne die Teilnahme derer bestehen, für die die Arbeit geleistet wird. In diesem Sinne versuche ich, Zweck und Sinn des Werkbundes in Worte zu fassen.

Es heißt im ersten Aufruf zum Werkbunde: „Die Bewegung, die wir bisher die kunstgewerbliche nannten, hat heute den Rahmen des Kunstgewerbes längst überschritten. Wir erkennen, daß es sich um weit größere als kunstgewerbliche Probleme handelt, daß vielmehr eine gleichmäßig gute und edle Gestaltung und Durchbildung jedweden Erzeugnisses der Hand und der Maschine das Ziel der Zeit sein muß." Er handelt sich also nicht um einen Kunstgewerbeverein, sondern um etwas, was über ihn hinausgewachsen ist. Dieses neue muß zunächst erkannt werden.

Unter dem Worte Kunstgewerbe verstehen wir einesteils etwas Handwerkerliches und anderenteils etwas Geschichtliches. Beides soll weitergebildet werden, das Handwerkerliche durch die künstlerische Durcharbeitung auch der industriellen Herstellungsweise und das Geschichtliche durch neue aus der Seele unserer Zeit herausquellende Formen. Wenn man will, kann man sagen: Es sollen die Formen des Maschinenzeitalters künstlerisch durchsättigt werden sowohl die Formen des besten modernen Betriebes, wie die Formen der besten Gestaltung unserer Gebäude und ihres Inhaltes.

Das Kunstgewerbe, wie wir es bisher kannten, war ferner nichts Einheitliches in sich selber. Wir besaßen vielerlei Kunstgewerbe, Kunsttischlerei, Kunstschlosserei, Architektur, Keramik, graphische Künste, Kunstweberei, aber diese und andere Kunstgewerbe gingen ein jedes seinen eigenen Weg. Auf diese Weise entstanden kunstvolle Einzelgegenstände, aber kein harmonisches Kunstleben. Wenn wir uns das Wort Kunstgewerbe im alten Sinne vorstellen wollen, so denken wir an einen Raum, dessen Wand mit pompejanischen Farben und Linien geschmückt war, dessen Fußboden einen guten Brüsseler Teppich hatte, dessen Möbel der Zeit Napoleons I. entsprach und auf dessen Tischplatten eine Mischung von Meißner Porzellan und japanischem Kleinkram stand. Das Kunstgewerbe machte die Räume zu einer Art von Museen, die neue Kunst will diesen Sammlungs- und Raritätencharakter überwinden und eine Lebensumgebung bieten, die mehr aus einem Guß ist, von der Architektur an bis zur Fruchtschale und vom Dienstmädchenzimmer bis in den Empfangsraum.

Und noch etwas anderes liegt im Wort Kunstgewerbe, was jetzt abgestreift werden soll. Das Kunstgewerbe wollte etwas anderes sein als das andere Gewerbe, nicht nur deshalb, weil es besser arbeitet, sondern auch deshalb, weil in seinem Sinne „Kunst" etwas ganz Besonderes war, das nur zu besonderen dekorativen Zwecken hervorgeholt wurde. Es ist ein falscher Kunstbegriff, den wir ablehnen, indem wir vom Kunstgewerbe zum Werkbund voranschreiten, wir verlassen die Kunst der Feierlichkeiten und Künstlichkeiten und strecken unsere Hände aus nach einer Kunst, die für uns keine Fremdsprache ist, sondern eine Muttersprache, eine einfache, überall und immer verwendbare Sprache. Diese Sprache ist erst in der Entstehung, der Werkbund aber will für sie ein deutscher Sprachverein sein.

Was ist ein Kunsthandwerker? Was ist ein Unternehmer? Was ist ein Künstler?

Ein Kunsthandwerker ist ein Handwerker, der nach guten Vorbildern eine gute Arbeit macht. Er kann mehr Handwerker oder mehr Künstler und kann im besten Falle beides in hoher Vollkommenheit sein, aber der gewöhnliche Gang der Dinge ist, daß er mit seiner Werkstatt oder Bauunternehmung, mit Lehrlingsausbildung, Gesellenleitung, Materialeinkauf, Buchführung, Verkehr mit Kunden so viel zu tun hat, daß er für eigene künstlerische

Vertiefung nur wenig Zeit übrig behält. An die Stelle dieser Vertiefung tritt dann das Musterbuch oder der gekaufte Entwurf. Falls das Musterbuch gut ist und die Arbeit im übrigen tüchtig, kann das Ergebnis ein recht beachtenswertes sein und weit besser als gewöhnliche ungeschulte Leistung, aber es fehlt ihr jene Sicherheit des eigenen Geschmackes, jene freudige und erfreuende Unbefangenheit, die den Handwerkern im gotischen Mittelalter und in der Rokokozeit ohne viele Skrupel und Sorgen von selber aus der Schule ihrer Meister zufloß. Der Kunsthandwerker, sei er Architekt oder Tischler oder sonst etwas, wird eine gewisse Nervosität nicht los, ob es denn auch wirklich Kunst ist, was er macht, und diese Nervosität steigert sich durch die Vorträge der Kunstschulen über reine und unreine Stile. Wie schwer ist es einem Kunsthandwerker, eine eigene Originalleistung zu wagen! Man denke an die Goldschmiede oder an die kleineren Schriftgießer! Auch der Handwerker will ja und muß verkaufen, und als einzelner ist er viel zu schwach, sich seine eigene Kundschaft zu erziehen. Er wird also zum Wiederholer alter Stilformen, oder er läßt sich von der Mode der Fachblätter mitschleppen.

Ein industrieller Unternehmer aber verzichtet als solcher von vornherein auf eigenes Kunstschaffen. Er ist im Grunde nur Kaufmann und Organisator eines Betriebes, das heißt, er macht Kontrakte mit den ausführenden Arbeitskräften einerseits und mit den zeichnenden, entwerfenden Künstlern andererseits. Dazu gehört natürlich, daß er von beidem etwas versteht, und wenn er viel versteht, so wird er tüchtige Künstler und tüchtige Arbeitsleiter und Arbeiter mit sich zu verbinden wissen, aber der Kern seiner Geschäftsführung ist kaufmännisch und muß es sein. Darin liegt eine doppelte Gefahr für den sachlichen Wert seiner Erzeugnisse. Er will, wie jeder kaufmännische Geschäftsleiter, billig herstellen und teuer verkaufen. Darin jedoch eben ruht die Gefahr, daß er mehr den Schein der Kunst wahren will als die Kunst. Er macht Künstler zu Arbeitsmaschinen und Arbeitskräfte zu Proletariern. Der Erfolg aber ist: die Mietskaserne, das Salonmöbel, die Blumentapete, der Plunder, der sich als schön ausgibt. Die Kunst des Möbelmagazins ist ein seelenloses, nur geschäftliches Zusammenpressen von Materialien und Formen und Farben, schlechter in seiner Wirkung, viel schlechter als das Kunsthandwerk.

Mit dem Unternehmertum wächst nun auf der einen Seite eine Schicht von Angestellten und Arbeitern und auf der anderen Seite eine Schicht von berufsmäßigen Zeichnern und Erfindern. Über die Angestellten und Arbeiter wollen wir später reden, hier beschäftigt uns der Kunstzeichner in seinen verschiedenen Gestalten und Arten. Die Unterstufe dieser Zeichner ist der gewöhnlichen Bureauarbeit sehr verwandt. Was von ihnen verlangt wird, ist korrekte, schulmäßige Wiedergabe und Ausarbeitung von Ideen, die ihnen vorgelegt werden. Von ihnen gilt, was wir von den Arbeitern sagen werden. Über ihnen aber steht der durchschnittliche Geistesarbeiter, Architekt, Entwerfer, Musterzeichner, der auf Grund schulmäßig erworbener Fertigkeiten seine Arbeit pflichtgemäß fertigstellt, so wie man sie als Geistesarbeiter fertigstellen kann, das heißt ohne eigene tägliche Berührung mit der Arbeit und mit der Materie. Er lebt in der Welt der Kunstgeschichte, der akademischen Formen und vertritt die Kunst des Buches. Natürlich hat er eine gewisse beständige Berührung mit der Praxis, denn seine Entwürfe werden ja ausgeführt, kritisiert und von den Ausführenden korrigiert, aber er kauft keine Steine, hämmert kein Messing, kommandiert keine Bauarbeiter, er ist mit aller seiner Kunst fern von dem freien Schaffensgefühl derer, die in die volle Orgel des Lebens hineingreifen können. Das Ergebnis ist eine gewisse Blutarmut dieser Kunst, denn Kunst wächst im Material. Auch werden sehr viele dieser Geschäftskünstler zum Spezialistentum gedrängt. Da macht der eine ewig nur Beleuchtungskörper und ein anderer Muster für Kattundrucke. Ist es ein Wunder, wenn sie auf Absonderlichkeiten geraten, um sich vor ihrer Eintönigkeit zu retten?

Es kann also die Industrialisierung des Kunsthandwerkes leicht zur Kunstentseelung führen und hat dazu geführt, und zwar so sehr, daß viele ernste Rufer gerufen haben: Zurück zum Handwerk, nicht zum modernen Kunsthandwerk, das eine Art Kunstpflanze ist, sondern zum Handwerk der alten Bauhütten und Kunstbruderschaften, zum guten, trotzigen, nahrhaften und ehrenhaften Handwerk! Die ganze englische Kunstentwicklung, die von Morris getragen und von Ruskin verkündigt wurde, war voll von Handwerkssehnsucht, und auch bei uns schrieb man „Handwerkskunst" über die Pforten der Werkstätten, nur um damit zu sagen, daß man mit dem geistlosen Industrieplunder nichts zu tun haben wolle. Die Form dieser Sehnsucht war falsch, aber ihr innerer Gehalt war richtig. Eine äußerliche Rückkehr zum Handwerk gibt es nicht mehr. Man sehe doch die Betriebe gerade der Männer, die sich mit Vorliebe Handwerker nennen und die in den Handwerkervereinen den Vorsitz haben; ist das, was sie betreiben, Handwerk im alten Sinne? Sicherlich nicht! Auch bei ihnen ist die Maschine eingezogen, und aus dem Gesellen ist der Lohnarbeiter geworden, und der „Meister“ arbeitet für den Laden und geht auf Ausstellungen. Er hat alle Neigung, Unternehmer zu werden und, wenn es ihm glückt, dann wird er es auch. Es gibt heute kein selbstgewolltes Verharren im Kleinbetriebe mehr. Wer darin bleibt, tut es, weil bei ihm die Mittel oder das Können nicht weiter reichten. Es gibt fast nirgends eine reine Handtechnik mehr. Am meisten ist sie noch im Baufach vorhanden, aber alle Hilfs- und Nebenarbeiten des Bauens sind längst industrialisiert, und der Baumeister selbst denkt gar nicht daran, Kleinmeister bleiben zu wollen. Er wird Baufirma. Man mag hinsehen, wohin man will, das alte Handwerk kommt so wenig wieder wie die alte Stille oder der alte Glaube. Ist nun aber damit auch über das alte Können das Todesurteil gesprochen? Hier beginnt die Kernfrage des neuen Werkbundes. Sie lautet: Ist wahre Kunst im modernen Betriebswesen möglich? Wer diese Frage bejaht, der steht auf der ersten Stufe zur Tür des Werkbundes.

Es handelt sich nicht um eine einseitige Bevorzugung der großen Betriebe. Kein Mensch wird verkennen, welchen bleibenden Wert im kunstvollen Gewerbe gerade kleine und übersehbare Betriebe haben und behalten werden. Wir brauchen die Leute, die wenige, aber tadellose Dinge herstellen, aber der Zeitgeschmack im ganzen wird nicht von diesen einzelnen gemacht. Er hängt von den Geschäften ab, die sich das Auge und Ohr der Käufer erzwingen können. Diese Geschäfte stehen vor der Frage, ob sie bei aller kaufmännischen Weite den guten Geist, Gutes schaffen zu wollen, bei sich pflegen können. Gelingt es ihnen, so werden sie ganz von selbst die allgemeine Temperatur mit herstellen, in der auch der innerlich tüchtige Kleinmeister existieren kann. Das ist eine Umgestaltung der bisherigen Auffassungen über das Kunsthandwerk. Bisher galt es als richtig, dem Handwerker zu sagen: Du mußt Kunsthandwerker werden, weil dir das die Industrie nicht nachmachen kann! Im Baufach hat zwar dieser Satz nie recht gegolten, denn da hatte das größere Baugeschäft immer den Vorzug, die größeren künstlerischen Aufträge für sich in Anspruch nehmen zu können, aber in allem, was Innenausstattung oder Dekoration war, galt dieser Rat als unbestreitbar. Das neue ist nun, daß man eingesehen hat, daß auch die besten Kleinen nicht stark genug sind, die Richtung des Marktes zu bestimmen, und daß es wirklich möglich ist, kunstvolle Großbetriebe zu versuchen.

Nicht als ob irgendein Großbetrieb nur ganz gute Sachen herstellen könnte! Das geht nicht, denn bei ihm verteilt sich die Arbeit auf viel zu viele Menschen, um für absolute Höhe alles Geschaffenen garantieren zu können, und bei ihm fordert das Geschäft einen Grundbestand an Artikeln, mit denen ohne viele besondere Geistes- und Nervenanspannung Geld verdient werden kann. Erreichbar aber ist die bewußte Ausscheidung von offenbarem Schund und die feste Richtung auf beständige Hebung des Materials und seiner Verarbeitung und vor allem der gestaltenden Kräfte. Das Problem des künstlerischen Großbetriebes ist aber in erster Linie ein Problem der Stellung der Gewerbekünstler zu den Betrieben, und hier treten auch die ersten praktischen Aufgaben des Werkbundes zutage. Es ist kein Zufall, daß die erste Aussprache in München sich in verschiedenster Weise um die Frage Künstler und Betriebe gedreht hat. Selbst in der Debatte, ob geschäftliche Firmen als Mitglieder dem Werkbunde beitreten dürften oder nur Einzelpersonen, spielte diese Frage. Man hat sich für den Beitritt der Firmen entschieden und völlig mit Recht, denn in diesem Lebensproblem der modernen Kunst ist es nicht der in dem Geschäft sitzende Einzelmensch, der das letzte Wort zu sprechen hat, sondern die Geschäftsleitung als solche. Sie muß den Willen haben, künstlerisch gut arbeiten zu wollen. Dann wird sie den Weg finden, dem Künstler zur richtigen Stellung im neuen Erwerbsleben zu verhelfen.

Das neue, von dem wir sprechen, ist, daß es jetzt Gestaltungskünstler gibt, die sich über den von uns vorhin beschriebenen Zustand des abhängigen akademischen Zeichners und Erfinders weit emporheben. Das Aufkommen solcher Künstler ist ein kulturgeschichtliches Erlebnis ersten Ranges. Davon, wie es mit unserer sonstigen Kunstentwicklung zusammenhängt, sprechen wir an anderer Stelle, hier genügt die Feststellung der Tatsache, daß wir heute eine Zahl von schöpferischen Talenten sich der gewerblichen Lebensausstattung zuwenden sehen wie nie zuvor. Schon die Namen der Ausschußmitglieder des Werkbundes sind vielfach leuchtende Beispiele. Der künstlerische Schaffensgeist ist bei der Raumgestaltung angelangt. Einzelne starke Baumeister und Tischler haben wir immer gehabt, aber die meisten von ihnen gehören noch der Zeit der Hof- und Fürstenkunst an. Jetzt sind es „freie Künstler", das heißt Verkäufer von Ideen und Entwürfen, die in Fülle auftreten und die das berechtigte Bestreben haben, nicht nur dienende Glieder innerhalb der großen Betriebe zu sein, sondern mit ihrem Können das gewerbliche Schaffen zu leiten. Innerhalb der Architektur zwar ist es schon eine geläufige Erscheinung, daß die Künstler von vornherein als Mitinhaber oder Begründer von entwerfenden Betrieben auftreten oder Baufirmen von sich abhängig machen, im übrigen Raumgewerbe aber sind die Herrenmenschen unter den Künstlern etwas Neues. Sie verlangen, daß ihre Werke ihren Namen tragen, daß mit ihrem Namen ausgestellt wird, kurz, sie stehen den ausführenden Betrieben etwa so frei und souverän gegenüber wie große Schriftsteller den buchhändlerischen Unternehmungen. Um sie herum entwickelt sich eine ganze Literatur, und schon heute strahlt der Ruhm einzelner von ihnen über Deutschlands Grenzen hinaus.

Diese fast vulkanische Erhebung einer Oberschicht gewerblicher Künstler bringt das ganze bisherige Kunstgewerbe in Gärung. Erst durch sie wird die Gewerbekunst zur nationalen Angelegenheit, durch sie wird die Aufmerksamkeit der ganzen gebildeten Jugend den Raumgestaltungsfragen zugewendet, und eben damit entsteht durch die Künstler die Möglichkeit von Großgeschäften, die an keinen einzelnen Ort mehr gebunden sind. Künstler und Großbetrieb arbeiten in Tischlerei, Kunstschlosserei, Tapeten-, Linoleum-, Teppichfabrikation, Goldarbeit, Buchschmuck und auf vielen anderen Gebieten zusammen. Ihr gemeinsames Interesse ist die Stärkung der künstlerischen Strömung, von der sie beide getragen und gehoben werden, aber dabei sind sie in beständigem Ringen miteinander teils um den materiellen Gewinn, teils um den sachlichen Einfluß. Es muß ein Platz geschaffen werden, wo sowohl die Gemeinsamkeit als auch dieses gegenseitige Ringen sich ausleben kann, eine Gemeinschaft der Schaffenden, die als Gemeinschaft die Anschauungen, Sitten und Rechte bildet, nach denen in der Zukunft Künstler und Betriebe miteinander arbeiten.

Alle Welt weiß, daß wir schon genug Vereine zur Pflege der Kunst haben, und viele Künstler wollen von diesen Vereinen gar nichts wissen, obwohl die Gesamtwirkung dieser Vereine sicher eine gute ist. Es ist aber ein großer Unterschied zwischen einem Vereine, der, wie etwa der Dürerbund, Kunstverständnis in die Bevölkerung hinaustragen will, also literarisch für Kunstgeschmack wirkt, und einer Vereinigung, die die Kunst fördert, indem sie Künstler und gute Gewerbetreibende vereinigt. Der Werkbund will, soweit wir ihn verstehen, kein Bildungsverein sein. Er nimmt an, daß seine Mitglieder gebildet sind und alle Hilfsmittel zur Förderung ihrer Bildung selbst in der Hand haben. Man kann den Werkbund vielmehr mit einer Gewerkschaft einerseits und einem industriellen Syndikate andererseits vergleichen.

Der Werkbund ist die Gewerkschaft der Kunstschaffenden gegenüber den Marktverderbern. Als Marktverderber sind anzusehen:

Die Hersteller und Verkäufer von Schund und Scheinkunst, die Scheinkünstler, welche ihren Kunstsinn verleugnen, um den Kunstverderbern zu dienen.

Beide Arten von Gegnern hängen eng unter sich zusammen, und es ist deshalb eine natürliche und sachlich gerechtfertigte Verbindung, wenn die künstlerisch ernsthaften Entwerfer und Hersteller sich ebenfalls zusammentun. Daraus aber ergibt sich die eigentümliche Verfassung des Werkbundes. Er kann seine Tore nicht für jeden Beliebigen öffnen, weil er dann sofort seine intimsten Gegner bei sich zu Gaste laden würde. Sie genießen sowieso schon von seinen Leistungen mit, denn sie machen die Formen der guten Künstler in Eile nach ohne selbst etwas anderes hinzuzufügen als ihre eigene Oberflächlichkeit, aber sie sollen wenigstens nicht die Möglichkeit haben, in den Verband selbst ihre eigene Halbheit und Grundsatzlosigkeit hineinzutragen. Der Werkbund ist ein geschäftlich-künstlerischer Verband für Qualitätsverbesserungen. Als solcher will er kämpfen und bekämpft werden, und erst die Zukunft wird das Urteil über den allgemeinen künstlerischen, sittlichen und volkswirtschaftlichen Nutzen seiner Bestrebungen abgeben können. Wenn dem Werkbunde gelingt, was wir von ihm erwarten und was wir auf diesen Blättern darzustellen versuchen, dann kann er sich getrost als Kunstpartei, Interessentengruppe oder sonst etwas Ähnliches schelten lassen.

Im Gespräch wurde gelegentlich der Werkbund der Raumgewerbe mit den Sezessionen der Maler verglichen. Das ist halb richtig. Auch bei den verschiedenen Sezessionen der Ölbildkünstler wirkten ganz ähnliche Beweggründe mit. Sie sind Ausstellungs- und

Verkaufsverbände von Malern, die ihre Tüchtigkeit und Eigenart nicht in den Massenausstellungen wollen verloren gehen lassen und die meist eine gemeinsame moderne, das heißt suchende Richtung haben. Der Unterschied liegt aber zunächst darin, daß der Maler selbst der Bildhersteller ist, während der Raumkünstler nur der Entwerfer ist. Eine Sezessionsausstellung kann, wenn es sein muß, ohne Bilderhändler und gegen sie von den Malern gemacht werden. Der Raumkünstler aber existiert gar nicht für sich allein. Ferner aber ist der ganze Zweck der Malersezession Ausstellung und Verkauf. Bei den Raumgewerben aber spielt vieles andere mit, ehe die Ausstellungs- und Verkaufsfrage an die Reihe kommt. Alle kunstvollen Gewerbetätigkeiten sind nämlich auf gegenseitige Ergänzung angewiesen, auf jene Vereinheitlichung in Gestaltung und Farbe, von der wir andeutungsweise schon sprachen und über die wir später noch genaueres sagen werden. Das aber bedeutet eine sehr vielfältige geschäftliche und geistige Verflochtenheit aller an diesen Gewerben Beteiligten. Kein einziger großer Bau kommt mit allem, was zu ihm gehört, aus einer einzigen Hand. Auch wenn ein Künstler alles ausdenkt, so braucht er die verschiedensten Handwerke oder Industrien, um seine Ideen zur Verwirklichung zu bringen. Ein großes Raumkunstwerk ist immer eine Gemeinschaftsleistung und wird um so besser gelingen, je besser von vornherein die Harmonie der Beiteiligten ist, und zwar nicht bloß die menschlich-gesellschaftliche Harmonie, sondern vielmehr noch die Harmonie in künstlerischer Methode und in Treue und Echtheit der Durchführung. Es ist kein Ausstellungsverband, den wir vor uns haben, sondern ein Werkbund. Auch er wird voraussichtlich Ausstellungen machen; aber sie sind nicht Selbstzweck, sondern nur Hilfsmittel zur Organisation des Gewerbes.

Die Sezessionen der Maler haben mehr oder weniger eine bestimmte Kunstrichtung, die sich in Gegensatz zur Allerweltsmalerei stellt. Oft freilich geht es, wie bei der Berliner Sezession, so, daß die Schärfe der Richtung sich abschleift in dem Maße, als die Tüchtigkeit zunimmt und anerkannt wird. Das letztere muß man im Auge behalten, wenn man erkunden will, ob der Werkbund einen „neuen Stil" vertreten wird oder nicht. Schon die Namen der Ausschußmitglieder zeigen, daß es sich um keine Stilgemeinschaft im engeren Sinne des Wortes handeln kann; denn wie verschieden sind Theodor Fischer und van de Velde oder Behrens, Pankok und Riemerschmid! Es liegt aber ein noch tieferer Grund vor, weshalb von vornherein die Auffassung einer Stilgemeinschaft abgelehnt wird.

Jeder, der mit Künstlern verkehrt, weiß, wie wenig gerade die starken Künstler vom Stil reden und hören wollen. Sie haben ihren Stil, wie sie ihr Gesicht haben, aber sie machen sich nichts aus dieser für sie selbstverständlichen Tatsache, denn all ihr Sinnen und Trachten geht darauf aus, etwas Gutes, Eindrucksvolles, Zweckvolles zu schaffen, mag es im Stil so oder so sein. Eine Verbindung, die gewisse Stilparagraphen in ihre Statuten aufnehmen wollte, würde von Anfang an für viele der besseren Schaffenskräfte verdächtig sein. Es ist so viel Dummes über den Stil geredet und geschrieben worden und es läßt sich im Einzelfall so wenig etwas Greifbares darunter vorstellen, daß gerade diesem Wort mit einer gewissen Müdigkeit begegnet wird. Der Werkbund wird also keinerlei formulierte Satzungen über Kunstrichtung haben, sondern nur Bestrebungen über Qualität. Wenn er trotzdem, woran wir nicht zweifeln, der Außenwelt und Nachwelt als Richtung erscheint, so ist gerade das keine bewußte Absichtlichkeit, sondern liegt in der Zeitströmung, von der auch dieser Bund getragen und umspült wird.

Der Bund als Bund verlangt nichts anderes, als daß in Form und Material gut gearbeitet wird. Wer das nicht leisten will oder kann, muß draußen bleiben. Was aber heißt gut? Hier beginnt das Gebiet des Gemeinschaftsgefühles, das der Bund erziehen will. Er will ein Areopag werden, wo die Praxis das Gute vom Minderwertigen scheidet, wo vor Augen gezeigt wird, was gegenwärtige deutsche Kunst ist. In gewissem Sinne knüpft das an an die verdienstvolle literarische Vorarbeit, die insbesondere der „Kunstwart" geleistet hat; aber hier ist alles Literarische nur Nebenwerk: die Mitglieder des Bundes sind mit ihren Arbeiten selbst eine lebendige Propaganda und sind, ohne daß sie es wollen oder formulieren, eine kunstgeschichtliche Richtung, die Richtung des neudeutschen Gewerbes, die mit ihnen kommt, deren Anfänge wir schon um uns sehen und auf der Ausstellung für Wohnungskunst in Dresden im Sommer 1906 zum erstenmal gesammelt vor Augen hatten. Voraussichtlich wird die Ausstellung in München das praktische Aufklärungswerk der Dresdener Ausstellung fortsetzen, und zwar eine Ausstellung, die noch schärfere Grenzen zieht gegenüber dem, was nicht zum Werkbunde paßt.

Will man versuchen, den künstlerischen Inhalt der neuen Richtung in Worten darzustellen, so wird man darauf verzichten müssen, alles aus einem Prinzip zu erklären. Ein solches Einheitsprinzip gibt es nicht und hat es auch bei früheren Umwandlungen im Kunstleben nicht gegeben. Ist etwa die Gotik aus einem einzigen Gedanken herausgewachsen oder hat man sie verstanden, wenn man einen Grundriß oder einen Spitzbogen zu Papier bringt? So klein ist nicht einmal eine einzelne Menschenseele, daß sie nur eine Grundidee hat. Wie sollte eine zeitgeschichtliche Wandlung von den Miterlebenden auf so knappe Formel gebracht werden können?

Die neue Richtung ist zunächst an folgenden äußeren Merkmalen erkennbar:

1. Der Sinn für Echtheit des Materiales ist gegenüber allen falschen Ersatzmitteln bereits heute zum Siege gelangt. Man kann jedes dauerhafte Material brauchen, aber man soll es nicht für etwas anderes ausgeben, als was es ist. Auch Zement ist ein echtes Material und wahrscheinlich ein sehr zukunftsreiches, aber Zement soll nicht als Marmor behandelt werden und Holz nicht als Gold. Jede Metallmischung kann berechtigt sein, aber sie soll nicht als Silber aufmarschieren.

2. Jedes Material, das wert gefunden wird, verwertet zu werden, darf auch gesehen werden; überhaupt ist es falsch, die Spuren der Arbeit zu verkleistern. Damit fällt jene künstliche Glättung weg, die der Leinwand ihren Gewebecharakter raubt und die alle Holzflächen nur als Grundlage für Lackierer- und Furniererkunststücke betrachtet. Man wird für Zwecke besonderer Eleganz und Haltbarkeit auch die Glättungstechniken nicht ganz außer

Gebrauch stellen dürfen, aber man soll sie streng auf solche Zwecke beschränken.

3. Die Kunst besteht nicht in der Verdeckung der Gebrauchszwecke, sondern oft sogar in ihrer ausdrücklichen Hervorhebung. Diese Hervorhebung geschieht nicht durch Anbringung von Sinnbildern oder Inschriften, sondern in klarer Herausarbeitung der Raumgliederung oder des inneren Aufbaues. Das Gebäude wird von innen nach außen gebaut, soweit dieses durch Baufläche und Umgebung möglich ist; der Stuhl soll offensichtlich zum Sitzen da sein, und das Tintenfaß soll keine Miniatur einer Tempelruine darstellen.

4. Die Konstruktion wird im allgemeinen lieber gezeigt als verborgen. Es gilt nicht gerade als Sünde, die Konstruktion nicht sehen zu lassen, aber viele der neuen Architekten und Gewerbekünstler haben ein Vergnügen daran, ihre Eisenträger, ihre Röhrenpfeiler und selbst die Heizungsanlagen offen zur Schau zu stellen. Ein Geist schöner und fast brutaler Ehrlichkeit beginnt ein verlogenes Zeitalter abzulösen, in welchem man mit Eisen baute, aber Steinbau heuchelte. Besonders gern werden Holzkonstruktionen dem Auge ausgesetzt und bisweilen absichtlich übertrieben, damit sie empfunden werden müssen. Auch in der Metalltechnik steigt die konstruktive Schmiedearbeit wieder empor.

5. Der Raum wird als eine Einheit erfaßt, sobald dieses möglich ist, das soll heißen: die Schränke stehen nicht als Fremdkörper an den Wänden, der Tisch ist ein Verwandter vom Schrank, das Fenster ist ein Teil der Nische, die Lampe paßt zur Decke, und der Ofen ist kein wüstes Ungeheuer, die Polsterungen entsprechen den Holzformen, und die Bilder dürfen nicht die zarteren Eindrücke

des Raumes totmachen. Es wird weniger auf eine akademische Stileinheit gesehen als auf tatsächliche Harmonie.

6. Sowohl an der Außenseite der Gebäude wie an ihren Innenräumen wird fast mit Ängstlichkeit alles ferngehalten, was entweder an den griechisch-römischen Stil oder an den romanisch-gotischen Stil erinnern kann. In dieser Hinsicht freilich bestehen große Unterschiede. Messel ist zweifellos moderner Architekt und verwendet doch klassische und mittelalterliche Bau- und Schmuckformen mit bewundernswerter Freiheit. Viel häufiger als an die höchsten Stilformen der Vergangenheit knüpft man aber an Elemente an, die zwischen oder nach ihnen liegen, an Bauernkunst, deutsche Renaissance, Rokoko, Empire, Biedermeierzeit. Alle derartige Anknüpfung ist aber locker und unhistorisch. Sobald sie als Absicht und System auftritt, ist die schaffende Kunst zu Ende.

7. Die Formensprache des neudeutschen Gewerbes ist im allgemeinen mehr naturalistisch als geometrisch, aber es genügt, an van de Velde und Behrens zu erinnern, um zu sagen, daß auch die geometrischen oder linearen Formen kräftige Vertreter besitzen. Am ausgesprochensten ist unseres Erachtens der Naturalismus bei Riemerschmid und Pankok, bleibt aber immer scharf geschieden von bloßer Wiedergabe zufälliger Natureindrücke. Das Eigentümliche der bisherigen Entwicklung ist aber, daß uns die Naturalisten und die Linearkünstler nicht als zwei getrennte Gruppen erscheinen, weil im Naturalismus so viel Trieb zur Stilisierung und in der Linearkunst so viel Neigung zur phantastischen Vermehrung der Linien vorhanden ist, daß beide sich vielfach begegnen. Wir sind geradezu überschüttet mit neuen Formen, unbeschreiblich reicher geworden in wenigen

Jahren. Wir wußten vorher gar nicht, welchen Reichtum der Gestaltung wir schlummernd in uns trugen. Dank denen, die diese Fülle wecken konnten! Daß dabei Vergängliches und Gewagtes mit unterläuft, ist selbstverständlich und erhöht das allgemeine Lebensgefühl.

8. Unser Raumgewerbe ist farbiger geworden als die Kunst irgendeines früheren Zeitalters. Selbst die Kultur Mesopotamiens und Ägyptens im Altertum hat bei all ihrer Starkfarbigkeit nicht die Farbenfülle unseres chemischen Zeitalters gehabt. Damit ergeben sich ungeahnte Aufgaben und Wirkungen für fast alle Gewerbearten der Raumkunst. Auch die Architektur sucht malerische Eindrücke zu erzeugen, bisweilen selbst auf Kosten der konstruktiven Klarheit. Die Musterbücher unserer besseren Textilindustrie sind zu Farbenkästen der Gewerbekünstler geworden. Überhaupt ist die neue Kunst vielfach von Malerbegabungen emporgetragen worden.

Die neue Kunst hat also verschiedene Bewegungsrichtungen, die von verschiedenen Personen gleichzeitig getragen werden; sie ist einesteils konstruktiv und andernteils empfindsam. Sie entspringt nicht dem Kopfe und Herzen eines einzelnen Mannes und hat darum keinen König oder Diktator. Sie kann um ihrer Mannigfaltigkeit willen zerfließen und zerflattern, ehe sie ganz reif geworden ist, wenn nicht der Bund der Schaffenden geschlossen wird, in dem die Personen sich befreunden. Um ein großes Beispiel anzuführen: Schiller und Goethe gewannen beide, als sie sich zur Arbeitsgemeinschaft zusammenschlossen. So etwas kann nicht mit äußeren Veranstaltungen gemacht werden, aber die äußeren Veranstaltungen der gemeinsamen Tagungen können dem Geiste helfen, sich durch Gegenseitigkeiten zu bereichern. Schon von der ersten Münchener Tagung sind einige Beteiligte sehr glücklich heimgekehrt, denn sie hatten Personen kennen gelernt, die für ihr eigenes Arbeitsleben etwas bedeuten.

Als Richard Wagner die deutsche Theaterkunst reformierte, war seine Reformlosung, daß es nicht mehr vielerlei Künste geben dürfe, sondern eine Kunst. Er behandelte Orchester, Gesang, Schauspiel, Dichtung, Mimik, Tanz, Dekoration und Inszenierung als Einzelbestandteile des Bayreuther Einheitsgedankens. Etwas Ähnliches vollzieht sich jetzt in den bildenden Künsten. Da steht der Bildnismaler, da der Fassadenarchitekt, da der Tapezierer und dort der Möbelschreiner, da steht der Glasfabrikant und dort der Metallgießer. Jeder von ihnen hat für sich eine Kunst. Ihnen wird jetzt gesagt: Es gibt nicht zwanzig Künste, sondern eine harmonische Arbeit! Das sagt ihnen nicht ein einzelner Mensch, sondern eben der Entwicklungsgang, dessen Elemente wir jetzt dargestellt haben.

Wie aber entsteht die Einheit? Bei Richard Wagner entstand sie auf Grund königlicher Mittel in der Stille von Bayreuth und unter der Diktatur des einen Mannes. Sobald dieser Mann verschwand, begann die Gefahr der Zersplitterung von neuem, und wohin er nicht reichte, da fehlte die verbindende Genialität. Die Einheit der Raumkunst muß von vornherein anders angelegt sein. Sie entsteht jetzt ohne Vereinigungsstelle durch gegenseitige Erziehung und Anpassung. Das gute Großgeschäft erzieht nicht nur seine eigenen Leute und Lieferanten, es erzieht auch seine Konkurrenz. Der schaffende Künstler erzieht den Betrieb, in dem er arbeiten läßt. Es gibt ein vielverflochtenes gegenseitiges Heranziehen zur besseren Form und Arbeit. Amtliche Stellen können, wie die Beispiele des deutschen Reichskommissars Lewald und des Geheimen Rats Muthesius beweisen, dabei wesentlich mithelfen. Große Besteller, wie die beiden Schiffahrtsgesellschaften, oder große Hersteller, wie die Allg. Elektrizitätsgesellschaft, können diese Erziehung mit Bewußtsein fördern. Es würde aber diese Erziehung der Besten durch die Besten und der Schwächeren durch die Starken noch viel lebendiger gemacht werden können, wenn ein Gemeinschaftsgeist derer entsteht, die an dieser Kulturarbeit teilnehmen.

Aber wird denn ein Bund etwas schaffen können, wozu sonst persönliche Genialität gehört, dieses große Werk der einheitlichen neudeutschen Raumkunst?

Antwort: Ein Bund wird nie genau das hervorbringen können, was eine vielseitige und fast unerschöpfliche Einzelperson leistet, sobald sie ihren Platz im Dasein gefunden hat. Ein Bund ist und bleibt ein Mechanismus, der zwar Organismus werden möchte, aber doch mit vielen Reibungen und Mängeln behaftet ist. Der Bund als Bund kann nicht zaubern und ist nur so viel wert, als Personenkraft und Lust in ihn hineingesteckt wird. Gerade auf den höchsten Lebensgebieten läßt sich mit bloßen Statuten, Sekretariaten, Vertrauensmännern und Beiträgen, ja auch mit Versammlungen, Ausstellungen und Schriftwerken nichts Rechtes zuwege bringen, falls es nicht gelingt, die Seele des Bundes selbst zu schaffen, den Geist der Arbeitsgemeinschaft. Aber eine Einzelperson, auch wenn sie vorhanden wäre, kann das überhaupt nicht leisten, was hier nötig ist. Kein Einzelmensch verkörpert in sich die neue Gewerbekunst, und kein Diktator kann die tausend Verbindungen überschauen, die hier angeknüpft und erhalten werden müssen. Es liegt von Haus aus etwas Demokratisches in dieser Gewerbekunst. Sie ist nicht Hofkunst, ist nicht von Autoritäten gerufen, sie hat nichts anderes als das demokratische Mittel der Vereinsbildung, wenn sie als Einheitssubjekt auftreten will. Der Verein selbst will und darf dabei nicht herrschen wollen, sondern nur dienen. Er ist das stille Herdfeuer, um das man sich sammelt, um von der Arbeit zu reden und voneinander zu lernen.

Daß Vereine auch auf geistigem Gebiet etwas Wirkliches leisten können, ist verschiedentlich durch die Praxis erwiesen. Es sei nur auf den Verein für Sozialpolitik hingewiesen, der durch mehrere Jahrzehnte hindurch der Mittelpunkt aller arbeitenden Kräfte in der deutschen Wirtschaftswissenschaft gewesen ist und den Gang des geistigen Lebens und der Gesetzgebung merkbar beeinflußt hat. An Vereine dieser Art muß man denken, wenn man jetzt zum deutschen Werkbund schreitet. Der Unterschied ist nur, daß der Werkbund kein wissenschaftlicher Debattenverband ist, sondern eine künstlerisch-geschäftliche Verbindung, ein Bund mit Zwecken gleichzeitig idealer und praktischer Natur.

Die ersten Wirkungen des Bundes sollen also innerliche sein und auf die Hebung der Gewerbekunst in ihrem Kern sich richten. Wie verschieden denken die Menschen über den rechten Weg zur Hebung der Kunst! Den Wissenden jedoch ist klar, daß das A und O bei der

Hebung der Kunst die Hebung der künstlerisch tätigen Personen ist, und zwar aller derartigen Personen. Damit kommen wir zur Stellung des Werkbundes zur Arbeiterfrage. Sie kündet sich damit an, daß man die Lehrlingsausbildung auf die Tagesordnung des Bundes gestellt hat. Bei der ersten Versammlung in München war die Lehrlingsfrage fast der Hauptpunkt der Besprechungen. Es gilt die Wege zu suchen, auf denen ein guter, ja sogar ein sehr guter Nachwuchs von Arbeitskräften für kunstvolle Gewerbe erreicht wird.

Der heutige Zustand ist der, daß das ältere Kunsthandwerk die Erziehungsstube für die bessere Industrie ist. Ähnlich war es oder ist es überall dort, wo aus Handwerken Industrien werden. Auch die großen Werkstätten der Maschinenbauer oder die großen Druckereien stehen vor demselben Problem: sie entnehmen ihre besten Arbeitskräfte den kleinen Werkstätten, wo der Lehrling noch wirklich etwas lernt. Aber das hört eines Tages auf, denn dem kleinen Gewerbe wird eben auf diesem Wege seine eigene Zukunft verbaut. Es bildet beständig Kräfte aus, die ihm entlaufen, und arbeitet dann selbst mit Gehilfen von geringerem Werte. Und wie soll die ganze Menge der für den Großbetrieb erforderlichen Arbeiter aus dem Kleingewerbe noch herauskommen? Wenn wir einmal künstlerischen Großbetrieb haben wollen, so brauchen wir auch eine Erziehung in und für diese Betriebsart.

Ein Versuch, hier zu helfen, sind die gewerblichen Fortbildungsschulen und Kunstgewerbeschulen, wie sie besonders Schulrat Kerschensteiner in München hervorgerufen hat, oder wie sie Muthesius in Preußen fördert. Diese Schulen können sehr gut sein, wenn sie zwei Vorbedingungen entsprechen. Sie müssen einerseits sich vor allem rein Theoretischen hüten und sich selbst nur als Ergänzungsveranstaltungen zur Lehrlingspraxis im Betriebe geben wollen, und sie müssen andererseits ihren Schülern praktische Herstellungsaufgaben zuführen und nicht nur Zeichenschulen sein. Über die Einzelfragen dieses Gebietes kann hier nicht geredet werden, und diejenigen, die selbst Erziehungsarbeit leisten, werden besser darüber reden als ich, aber es liegt auf der Hand, daß der Werkbund vom ersten Tage an die Zukunft seiner Gewerbe im Auge haben muß. Wenn er das nicht tut, so kann es leicht so kommen, daß der glänzende Aufstieg der deutschen Raumkunst, den wir jetzt erleben, nur von sehr kurzer Dauer sein wird, nämlich nur so lange, bis die letzten Reste von Handwerkserziehung aufgebraucht sind.

Das alte Kunsthandwerk besaß Tradition, das heißt es besaß ausführende Arbeitskräfte, die ihre Kunst in den Fingern und im Handgelenk und im Auge hatten. Man konnte dem einzelnen Manne etwas zutrauen, denn er war keineswegs bloß eine Art menschliche Maschine, sondern hatte eine Seele für seine Arbeit. Diese Seele für die Arbeit fehlt heute vielfach, und man hört in allen künstlerischen Industrien die Klage darüber, daß es schwer ist, wahrhaft schöne Künstlergedanken in die rechten ausführenden Hände zu geben. Oft ist eine solche Klage mit einem Schelten über die Unbildung der Arbeiter verbunden, man sollte aber bedenken, daß man aus einer Arbeiterschaft nichts herausnehmen kann, was nicht vorher in sie hineingelegt worden ist. Wer den

Arbeiter wie einen Proletarier behandelt, kann sich nicht wundern, wenn er ein Proletarier ist. Kunstgewerbe setzt Hebung der geistigen und materiellen Lage der Arbeiter voraus.

Der große Unterschied zwischen dem Unternehmertum in Rohstoffproduktion und Fertigfabrikation ist der, daß die Unternehmer der ersteren Art von ihren Arbeitern nur Durchschnittseigenschaften zu verlangen haben, die häufig vorkommen, daß aber die Unternehmer der zweiten Art Qualitätsarbeiter brauchen, die nicht auf jeder Gasse laufen. Ein Bergwerk kann sich aus Galizien oder sonstwoher Arbeitskräfte holen, eine Holzbildhauerei aber oder Glasmalerei ist auf die Arbeiter angewiesen, die ihr Fach mit Erfolg gelernt haben. Deshalb stellt sich die ganze soziale Frage bei jenen elementareren Industrien anders dar als bei den feineren Gewerben. In den Rohstoffindustrien ist sie ein Massenkampf um den Lohn und um das Recht der freien Koalition, ein Kampf, bei dem der einzelne Arbeiter nur eine Nummer ist. Je feiner aber das Gewerbe wird, desto größer wird die Qualitätsbedeutung des einzelnen Mannes. Manche Arbeit kann ohne diesen Mann überhaupt nicht ausgeführt werden. Daran ändert auch die Einführung neuer Maschinen nichts, denn auch Maschinen für feinere Arbeiten sind zarte Körper und wollen persönlich gepflegt und bedient sein. Die Qualitätsarbeiter können nicht beliebig durch eine unbegrenzte Reservearmee ersetzt werden. Deshalb hat bei ihnen die Gewerkschaftsorganisation einen viel sichereren Standort als bei den ungelernten und halbgelernten Arbeitern und muß auch vom Unternehmertum von vornherein als vorhandene Größe angesehen und behandelt werden. Die Auffassung des Stahlwerksverbandes kann niemals die der Wohnungsgewerbe sein, und wo man im Baufach versucht hat, einen brutalen Herrenstandpunkt einzunehmen, da sind die beiderseitigen Verhältnisse so unerquicklich geworden, daß die Arbeit oft allen Beteiligten geradezu zur Pein wird.

Es wird also für die zum Werkbund gehörigen Unternehmungen ganz von selbst und ohne besondere Bundesbeeinflussung gelten, daß sie zu den Verbänden der Arbeiter nicht in direkt ablehnendem Verhältnis stehen. Das verbietet sich durch die Natur der hier vertretenen Gewerbe. Sollte trotzdem eine grundsätzliche Ablehnung des Verhandelns mit Arbeiterverbänden vorkommen, so müßte meines Erachtens der Bund ohne besondere Rechtsstellung seinen moralischen Einfluß geltend machen und mahnend eingreifen, weil es nichts Unkünstlerischeres gibt als ein absichtlich feindseliges Verhalten der im gleichen Betriebe tätigen Personen. Natürlich können und werden überall vorübergehende Störungen der Harmonie vorkommen, aber es ist das erste Erfordernis einer Kunstindustrie, sie nicht zu dauernden Mißständen sich auswachsen zu lassen. Ob im einzelnen Falle der Unternehmer oder der Arbeiterverband den Anlaß zum Streit gibt, ist ziemlich gleichgültig. Selbst wenn die Arbeiter an der Einzelstörung schuld sein sollten, was nicht selten der Fall ist, so liegt es doch im ganzen in den Händen der Unternehmer, die Temperatur der Arbeitsgemeinschaft zu bestimmen. Von den Gewerkschaften aber muß verlangt werden, daß sie in Presse und Versammlungen der künstlerischen Ausbildung ihrer Mitglieder noch viel mehr Aufmerksamkeit widmen als bisher.

Der Werkbund ist seiner Anlage nach kein Unternehmerverband, denn er will künstlerisch schaffende Menschen aus allen Betriebsstufen in sich aufnehmen, auch Angestellte und Arbeiter, aber es liegt in der Natur der Sache, daß die Unternehmer in ihm eine größere Rolle spielen werden als die Arbeiter. Man wird also wohl nicht fehlgehen, wenn man den Werkbund in gewissem Sinne als einen Gesinnungsverband von Qualitätsgewerbeunternehmern bezeichnet. Es sollen keine Statuten über Arbeiterfragen gemacht werden, aber der Geist des Verbandes muß gegenüber allen Arbeiterangelegenheiten entschieden liberal sein. Ob man Tarifvertrag macht oder nicht, ob man Wochenlohn zahlt oder Akkordlohn, ob man Arbeiterausschüsse hat oder nicht, das alles und vieles Ähnliche kann und wird im Bunde besprochen werden müssen, und zwar unter dem Hauptgesichtspunkt der Hebung der Kunst durch Hebung der Kunstarbeiter.

Die Kunstfertigkeit jedes kunstgewerblichen Arbeiters, er sei Künstler, Geschäftsleiter, Zeichner, Tischler, Gießer, Glasbläser oder sonst etwas, hängt von seinem Seelenzustande ab. Das ist ja eben das Eigentümliche aller Kunst, auch der gewerblichen Kunst, daß sie gern getan werden will. Zur Kunst gehört Freude am Können, Freude am Material, an der Form, an der Originalität, an der besonderen Schwierigkeit. Ohne diese Freude entsteht nichts wahrhaft Gutes. Eine Arbeit voll Seufzen ist zwar auch Arbeit, aber ist keine Kunst, eine gleichgültige, interesselose Arbeit ist tot in sich selber. Woher kommt es denn, daß von tausend Dingen, die zum Verkauf ausgestellt werden, uns kaum zehn oder zwanzig persönlich erfassen und nicht wieder loslassen?

Woher? Weil in neunhundert von tausend Sachen kein Funke von persönlicher Wärme drin ist! Das fühlt der Beschauer. Er sagt, daß die Sache korrekt gemacht ist, aber ihn kalt läßt. Es ist also die Freude an der Arbeit für die feineren Gewerbe geradezu eine geschäftliche Angelegenheit.

Freude an der Arbeit?! Gibt es so etwas im modernen Industrieverhältnis?? Gibt es so etwas nicht nur bei Jubiläumsfesten und in Leitartikeln, sondern bei den Hunderten von Angestellten, Werkmeistern und Arbeitern, bei denen die Ausführung der Raumkunst liegt? Das ist keine kleine Frage, denn in dieser Frage liegt geradezu die Zukunftsaussicht der nationalen Gewerbekunst. Die Nation, die im Industriezeitalter die meiste Freude an der Arbeit bei sich zu erzeugen imstande ist, hat die beste Hoffnung, die Kunstführung zu erlangen.

Das Wesen des Seelenzustandes, den wir Freude an der Arbeit nennen, ist gar nicht ganz einfach. Wer ihn nicht von sich selbst her kennt, dem wird auch unsere Beschreibung wenig sagen. Er besteht negativ darin, daß die Arbeit nicht bloß um des materiellen Vorteils willen gemacht wird, und positiv darin, daß sie zur Befriedigung des eigenen Schönheitssinnes oder Gestaltungssinnes gereicht.

Die Arbeit soll nicht um des materiellen Vorteils willen gemacht werden, sondern um ihrer selbst willen. Dazu aber gehören Menschen, die keine unmittelbaren materiellen Sorgen haben. Wer nicht weiß, wovon er morgen leben soll, der bemißt naturgemäß den Wert seiner Beschäftigung nach der Miete, die er zu zahlen, und nach dem Wirtschaftsgelde, das er seiner Frau zu geben hat. Freude an der Arbeit setzt voraus, daß die Arbeitsstellen in den kunstgewerblichen Betrieben sich auf der Höchstgrenze des möglichen Lohnes bewegen. Mit anderen Worten: die Kunstbetriebe müssen von allen Betrieben am meisten sozialisiert sein, wenn sie gedeihen sollen. Ihr Grundsatz muß sein, daß das Aufsteigen des Betriebes allen Beteiligten zugute kommt. Ob das durch besondere Statuten zustande kommt oder durch ein Verhandeln von Fall zu Fall, ist sachlich fast gleichgültig, wenn nur das Endergebnis das ist, was ich in meiner „Neudeutschen Wirtschaftspolitik" als Betriebspatriotismus bezeichnet habe.

Ausgeschlossen bei diesen Bestrebungen, die Angestellten und Arbeiter am Gedeihen des Geschäftes persönlich zu interessieren, ist alle patriarchalische Bevormundung. Von allen Arbeitern müssen die Kunstarbeiter am meisten das Gefühl haben, jeden Tag ihre Stelle wechseln zu können, wenn sie es wollen. Das Ziel ist große Dauerhaftigkeit der Arbeitsverhältnisse bei sehr leichter Lösbarkeit. Es nützen darum hier alle solche Wohlfahrtseinrichtungen gar nichts, die gleichzeitig Ketten sind, und es ist nötig, daß an allen Verbesserungsanlagen des Betriebes die Arbeiter und Angestellten selbst beratend mitwirken.

Die Arbeiter müssen den Betrieb als „unser Betrieb" bezeichnen können. Dann sind sie nicht nur am Lohn, sondern am Erfolg des Gesamtunternehmens interessiert, an der Schonung des kostbaren Materials, an der Ausnutzung der Maschinen, an der Steigerung der Leistung in den einzelnen Abteilungen, an der tadellosen Ausführung auch der Hilfsarbeiten, am Zusammenwirken der verschiedenen Gruppen. Je besser der Arbeitsgeist eines Betriebes ist, desto leichter entsteht in ihm ein vollendetes Werk.

Der Unternehmer aber muß, um dieses zu erreichen, selbst mehr sein als ein Geldmensch, denn von ihm muß der Geist der Betriebsgemeinschaft ausstrahlen. Von ihm wird verlangt, daß er nicht nur für Kunstformen Sinn hat, sondern auch Künstler ist im Behandeln der Menschen. Jede seelische Kunstlosigkeit gegenüber den Arbeitern und Angestellten rächt sich schließlich am Kunstwerk. Vom Profit muß in diesen Gewerben mit etwas Umdeutung das Wort der Bibel gelten: Trachtet am ersten nach dem Reiche Gottes und seiner Gerechtigkeit, so wird euch das andere alles zufallen. Ja, trachtet nach Vollkommenheit in der echten Menschlichkeit, in der Organisation der Arbeit und in der Treue der Kunstvertiefung, so wird der materielle Ertrag von selber sich einstellen. Das alte Wort „Handwerk hat einen goldenen Boden" ist nicht von jedem Handwerker gesagt und beschränkt sich nicht auf handwerksmäßige Kleinbetriebe, sondern bedeutet, daß in aller Welt auf die Dauer nichts besser bezahlt wird, als die wirklich gute persönliche Leistung. Diesen Handwerksglauben in die Verhältnisse des Industriegewerbes überzutragen, ist eine der wichtigsten und schwersten Aufgaben des Werkbundes.

Wir sind froh, daß wir hervorragende Gewerbekünstler vor uns aufsteigen sehen, aber diese Künstler allein sind wie Feldherren ohne Soldaten, wenn der Kunstsinn der ausführenden Arbeitskräfte nicht mit den Anforderungen der entwerfenden Künstler steigt und wenn ihnen nicht eine Schar entwerfender Zeichner nachwächst. Während der Künstler sinnt und gestaltet, hat er stets eine unsichtbare Gesellschaft um sich, die heimliche Versammlung derer, die seine Gedanken verwirklichen sollen. Er hat es im Gefühl, was er verlangen und erlangen kann. Das ist beim Maler anders. Er ist abhängig von der Güte seines Handwerkzeuges, aber sonst nur von sich selber. Das Handwerkszeug des Gewerbekünstlers besteht zu einem großen Teil aus lebendigen Menschen. Wie mancher Gedanke wird mit den Worten beiseite gelegt: Das können unsere Leute noch nicht! Theodor Fischer sagte einmal: „Nur derjenige Künstler arbeitet richtig als Erzieher im Gewerbe, der danach strebt, sich selbst nach und nach überflüssig zu machen."

Stellen wir uns darum den Arbeiter des kunstvollen Gewerbes in seiner ganzen Existenz vor Augen! Er schläft und wohnt in einer Mietswohnung, die nichts Künstlerisches hat, und arbeitet in einer Fabrik, die seinen Geist nicht anregt. Wo soll er den inneren Reichtum an Formensinn herbekommen, ohne den er immer nur ein ungefüges Glied am Körper der Kunstindustrie bleibt? Man kann ihn auf eine Abendschule schicken, ihm Vorträge halten lassen, ihm Ausstellungsbesuche ermöglichen. Alles das ist gut, ersetzt aber nicht die Fürsorge für einen täglichen Umgang mit gut gearbeiteten Gegenständen. Wie selten ist der Arbeiter und Angestellte als Käufer in der Lage, sich etwas Gutes für sich auszusuchen! In diesem Aussuchen aber wächst gerade der innere Sinn für Qualität. Hier öffnen sich weite Aufgaben: die Kunstarbeiter müssen in künstlerisch reelle Umgebung hineingesetzt werden! Nur schrittweise werden wir uns diesem Ziele nähern können, aber sicher ist, daß der Werkbund die Arbeiterfrage als Erziehungsfrage höchster Art aufzufassen hat. Wir brauchen eine Infanterie von Kunstmenschen.

Neben der Erziehung der Kunstarbeiter steht als ebenso notwendig die Erziehung von Käufern oder Bestellern. Im allgemeinen geht die Absicht der Raumgewerbe dahin, daß der Kauf von einzelnen Stücken vermindert und die Bestellung ganzer Häuser oder wenigstens ganzer Räume zunimmt. Das hängt zusammen mit jenem Zuge zur Einheit der Raumauffassung, von dem wir schon sprachen und gehört auch insofern zur Verbesserung der Kunst, als ein Besteller meist ein Mitdenker ist, während ein Käufer höchstens ein Nachdenker sein kann. Immerhin aber darf nicht vergessen werden, daß die Zahl der Leute, die gleich fertige Wohnungen bestellen können, relativ gering ist, und daß auch diejenigen ein Anrecht auf neudeutsche Gewerbekunst haben, die mit einem geringeren Einkommen haushalten müssen.

Gerade von solchen, die zwar Kunstsinn, aber keinen sehr vollen Geldbeutel haben, ist uns gesagt worden: Der deutsche Werkbund wird die guten Gegenstände noch teurer machen, als sie schon heute sind! Ganz leugnen kann man es nicht, daß diese Möglichkeit vorliegt, denn das Bestreben des Werkbundes muß es sein, das künstlerisch Beste herzustellen, das aber kann nicht ganz billig sein, denn in ihm ist erstes Material mit hochwertiger Arbeit vereinigt. Wer gute Kunst billig verlangt, weiß noch nicht recht, was gute Kunst ist, denn er verlangt etwas zu kaufen, was mit Ersparnissen entweder an Stoff oder an Arbeit hergerichtet wird. Das klingt für alle Familien in bescheidenen Lebensverhältnissen niederdrückend, ist aber trotzdem so wahr, daß es klar ausgesprochen werden muß. Für Menschen mit begrenztem Gelde bleibt dabei dreierlei zu ihrem Troste übrig:

Erstens die Erfahrungstatsache, daß wirklich gute Arbeit ihren Wert durch Generationen hindurch behält und infolgedessen eine Ausgabe, die heute als Luxus erscheint, dennoch rein wirtschaftlich vorteilhaft sein kann;

zweitens die Möglichkeit, den alten, schon vorhandenen Hausrat Stück für Stück im Laufe der Zeit zu erhöhen;

drittens die Aussicht, daß die Qualität aller deutschen Gewerbearbeit durch den Werkbund nach oben gedrängt wird und dadurch auch denen ein indirekter Nutzen zufließt, die nur weniges direkt von den ersten Arbeitsquellen beziehen können.

Das letztere ist ein sehr wichtiger Gesichtspunkt. Wollte der Werkbund nur sehr teure Kunst schaffen, so würde er eine aristokratische Einrichtung sein, an der nur ein kleiner Teil der Bevölkerung Interesse hätte. Es ist aber mit Sicherheit zu erwarten, daß dem Auftreten der neuen Organisation ein Aufschwung des Raumgewerbes im ganzen folgen wird. Selbst solche, die den Werkbund als Konkurrenz bekämpfen, werden von ihm lernen. Darin liegt zugleich auch die Sicherung vor Überteuerung. Der Werkbund ist kein vor Konkurrenz geschütztes Syndikat, sondern hat es stets mit einer Menge von Mitstrebenden zu tun, die von seinen Ideen so viel in sich aufnehmen, als sie für gut halten, und die also dem Käufer als Gegengewicht gegen etwaige Überteuerungsgelüste dienen. Auch hat der Werkbund als solcher natürlich kein feststehendes Anrecht darauf, daß die besten Künstlergedanken in seinem Gehege entstehen, und wird wohl immer damit rechnen dürfen, daß er sich auch mit geistigen Leistungen auseinanderzusetzen hat, die von außen kommen.

Alle menschlichen Dinge sind dem Wechsel unterworfen, aber noch niemals früher hat die Mode so gewechselt wie in unseren Zeiten. Die Häuser, die vor 20 Jahren gebaut wurden, kommen uns gelegentlich vor wie Theaterkulissen zu verschollenen Lustspielen. Und gar die Möbel, Dekorationsstoffe, kleinen Gebrauchsgeräte! Alles fließt, eins verschiebt das andere, und nur so viel ist gewiß, daß der Geschmack von gestern immer verdächtig ist.

In diesem schnellen Wechsel der Mode liegt eine Hauptsorge für die Vertreter der neuen Gewerbekunst. Das Publikum nämlich ist so an das rollende Rad der Zeit gewöhnt, daß es den Gedanken einer bleibenderen Kunst kaum zu fassen vermag, und doch ist es ja gerade das Wesen der im Werkbund vereinigten Gewerbe, daß sie nicht Mode schaffen wollen, sondern Sitte bilden. Wir wollen versuchen, diesen Gegensatz in seiner Tiefe zu erfassen.

Es gibt auf allen Herstellungsgebieten eine Abnutzungs- und eine Dauerhaftigkeitstheorie. Die Abnutzungstheorie lautet: Das Geschäft lebt vom ewigen Wechsel, vom schnellen Kaufen und schnellen Wegwerfen, von Menge des Umsatzes bei kleinem Wert. Die Dauerhaftigkeitstheorie lautet: Die Arbeit lebt vom langsamen Umsatz bei gesteigertem Werte. Jede der beiden Theorien kann kaufmännisch richtig sein, und oft schon sind Leute reich geworden, die billig und schlecht arbeiten ließen und verkauften. Überall, in Architektur, in Literatur, in aller Kultur, drängt sich das „billig und schlecht" an die Oberfläche, weil es Augenblicksvorteile für Verkäufer und Käufer bringt. Es scheint eine lustige Musik „billig und schlecht", aber die Musik ist oberflächlich, gehaltlos, — verderblich!

Die billige Arbeit ist in erster Linie ein Druck auf die Arbeitskräfte. Man denke an die Zustände in der Heimarbeit: bleichsüchtige Menschen arbeiten etwas, was kaum die paar Pfennige wert ist, die dafür gezahlt werden! Man sehe die billige Massentischlerei: Arbeiter ohne genügenden Lohn stellen Schränke her, die kaum einen Umzug aushalten! Billige Arbeit bedeutet aber in ihrer Fortwirkung, daß die Leute, deren Leben in Herstellung schlechter Massenwaren verläuft, sich nun ihrerseits nur mit Nahrungsmitteln ernähren können, die nichts Reelles enthalten, und damit die eigentliche Absatzstelle für Nahrungsschund werden. Nahrungsschund und Gewerbeplunder hängen meist sachlich zusammen, und aus beiden zusammen erwächst das moralische Elend der Menschen, die nichts können, nichts taugen, die nicht einmal gesunde Kinder produzieren. Das ist der Hintergrund der Abnutzungstheorie. Schönes Schaufenster, bunte Anilinfarben, flatterhaftes Gewebe, geleimtes Stuhlgefüge, Bilderrahmen mit Gold und Rissen, Teetassen mit Abziehbildern ..... damit kann man zur Not als Kaufmann reich werden, aber die Arbeiterstuben sehen dabei wie Lazarette aus und die Stuben der Käufer wie eine Puppenklinik.

Es einigt sich also das soziale Bedürfnis der arbeitenden Klassen mit dem Kunstbedürfnis der ästhetisch fortgeschrittensten Volksteile in der Forderung von der Abnutzungstheorie zur Dauerhaftigkeitstheorie überzugehen. Dauerhafte Ware kann anständigen Lohn vertragen. Dauerhafte Ware kann echte Farbe und ehrliche einfache Form haben, sie braucht keine Schwindelfarbe und keine Schnörkel und Gipsornamente. Aber wer gewöhnt das kaufende Publikum an diese bessere Wirtschaftsmoral? Hier muß der Werkbund als Volkserzieher auftreten — für ehrliche Arbeit!

Aber ist es nicht doch ein Wagnis, sein Geld in solcher neudeutschen Gewerbekunst anzulegen? Sie mag gut gearbeitet sein, aber wer garantiert uns, daß die Formen und Gestaltungen von heute nicht in kurzer Frist veraltet sein werden? Dann sind zwar Stein und Holz noch gut, aber der Geist, den wir heute als neu preisen, ist dann vielleicht schon wieder Gespenstergeist geworden.

Als Antwort diene zunächst eine geschichtliche Erinnerung! Wir haben eine Zeit hinter uns, in der man viele gotische Kirchen gebaut hat. Man sagte, die

Gotik sei der klassische Baustil des Kirchenbaues, und wenn irgendwo ein Gemeindekirchenrat etwas Moderneres bauen lassen wollte, da kam die hohe Kircheninspektion und warnte vor dem Wagnis und sprach: Die reine Gotik ist das sicherste, denn sie kann nicht veralten! Ich habe es in meiner Jugend miterlebt, wie anders gebaute Kirchen geradezu gotisch gemacht wurden, damit sie bleibenden Wert erhielten. Und heute steht alle diese Gotik vor uns wie ein armer frierender Oleanderbaum bei Novemberfrost. Die Gebäude sind als Gebäude nicht schlecht, aber ihre Form ist uns langweilig geworden. Nicht die Gotik ist langweilig geworden — keineswegs! Überall wo alte wahre, mittelalterliche Gotik noch besteht, ist sie ein Labsal, aber ihre schulgerechte Nachklitterung hat oft ihre Seele aufgegeben, noch ehe der Baumeister beerdigt wurde. Das ist das Schicksal eines künstlichen Klassizismus. Es gibt in der bloßen Wiederholung der alten Stile kein ewiges Leben. Die Stile selbst sind gut, aber ihre Wiederholung tötet. Wenn heute jemand ein Gebäude im Stile Ludwigs XVI. einrichtet, so kommt er mir vor wie ein Mensch, der heute noch Perücke tragen will und eine silberne Schnupftabaksdose gebrauchen. Es ist unhistorisch, historische Stile zu wiederholen.

Damit ist nicht geleugnet, daß es ein Wagnis sein kann, neue Formen herstellen zu lassen. Vieles von dem, was heute gemacht wird, geht zweifellos dem Veralten ebenso entgegen, als das meiste, was vor unserer Zeit gemacht wurde. Einiges aber wird bleiben. Dazu ist die Kraft der neuen Gewerbekunst denn doch zu groß, um ganz in Nichts zu versinken. Der einzelne aber hat die Aufgabe, das herauszusuchen, was er für lebenswert hält. Das ist seine Mitarbeit an der Gewerbekunst. Jeder

Käufer oder Besteller trägt seinen Anteil am gemeinsamen Wagnis des neuen deutschen Stiles. Das soll er wissen. Wenn es ihm unangenehm ist, dann soll er lieber gleich von vornherein einen toten Stil nehmen, dann gehört er nicht zur Werkbundtruppe. Es schadet ja nichts, wenn es auch Leute gibt, die für Erhaltung historischer Stile durch Reproduktion sorgen!

Wir sprachen bisher von der Mitgliedschaft der Künstler und Unternehmer am Werkbunde. Jetzt ist es Zeit, auch des zweiten Teiles der Mitgliedschaft zu gedenken, der Besteller und Käufer. Welche Rolle ihnen im Vereinsorganismus zugewiesen werden soll, bleibt späterer Erörterung vorbehalten; jetzt richten wir den Blick auf ihre Aufgaben zur Errichtung des Bundeszweckes. Es werden „sachverständige Kunstfreunde“ als Mitglieder aufgenommen, Männer und Frauen, die nicht an der Herstellung selbst beteiligt sind. Das können sein: große Auftraggeber, Museumsleitungen, Stadtverwaltungen, Aktiengesellschaften, Privatleute und sachverständige Kunstinteressenten aller Art.

Diese Mitglieder sollen durch ihre Zugehörigkeit zum Bunde keinerlei direkte materielle Vorteile haben, denn der Bund will nicht eine Genossenschaft zur Erreichung kleiner Privatvorteile sein, aber sie sollen an der Zentralstelle des Bundes ihre Stelle für Rat und Auskunft in allen gewerblichen Angelegenheiten besitzen, sobald sie selbst es wünschen. Wie viel Geld, das künstlerisch gut angelegt werden könnte, fließt heute in wertlose Bauten oder Ankäufe bloß deshalb, weil niemand da ist, der den richtigen Rat gibt! Man stelle sich vor, wie viele öffentliche Bauten der ästhetischen Erziehung des Volkes dienen könnten, wenn es eine unabhängige Stelle freier Kritik gäbe, die mehr bedeutet als die Tageskritik der Zeitungen! Der Werkbund wird sich seine Urteile sehr genau überlegen müssen, da sein eigenes Ansehen stets dabei auf dem Spiele steht. Sollte er, was wir nicht erwarten, jemals zum Organe einer Vetternschaft herabsinken, so würde damit seine öffentliche Würde von selbst in die Brüche gehen. Er muß ein freier, durch nichts käuflicher Areopag des künstlerischen Werturteils werden wollen. Wie weit dieses gelingen kann, muß die Zukunft lehren. Hier entscheidet nichts als die Probe der Praxis. Unter allen Umständen muß aber abgelehnt werden, daß mit dieser freien Organisation irgendwelche amtlichen Befugnisse verbunden werden. Der Werkbund gibt auf Wunsch seinen Rat, er selbst hat aber nie etwas anderes zu beschließen als seine eigenen Vereinsangelegenheiten. Das ist die Vorbedingung seines freien Ansehens in der Mitte der Nation.

Der Rat kann sich natürlich auf alle Teile des Kunstgewerbes beziehen. Wenn beispielsweise irgendwo ein Stadttheater errichtet werden soll oder eine Brücke erneuert oder ein altes Schloß renoviert oder ein Bahnhofswarteraum ausgestattet oder ein Stadtgarten angelegt, dann wird sicher der Werkbund Sachverständige bieten können, die um der Sache willen sich in die Aufgabe vertiefen. Ähnlich liegt es bei Landhäusern, Kirchen, Schulen, bei städtischen Bebauungsplänen und Fabrikanlagen. Bei kleineren Aufträgen und Ankäufen empfiehlt sich aber ein anderes Verfahren. Der Werkbund muß seinen Mitgliedern ein Jahrbuch in die Hand geben, das etwa „Baedeker für das gewerbliche Deutschland" heißen könnte, ein Buch mit Adressen und praktischen Angaben. Eine ästhetische Literatur braucht der Werkbund nicht herzustellen. Davon gibt es genug! Praktischer Rat aber ist in vielen Dingen nötig: Baumaterial, Textilstoffe, Färbungen, Porzellan, Heizungsanlagen, Beleuchtung usw. Auch dieser Baedeker müßte den Vermerk tragen: Erwähnung in diesem Buche kann auf keine Weise, auch nicht durch Inserate erkauft werden!

Eine besondere Angelegenheit ist das Verhältnis des Werkbundes zu Wiederverkäufern kunstgewerblicher Waren. Ihre hohe Bedeutung für die Ausbreitung eines besseren Gewerbesinnes braucht nicht erst dargelegt zu werden. Wie aber wird sich ihr Mitgliedsverhältnis regeln, wenn sie teils gute vom Werkbund anerkannte Ware auslegen und teils andere direkt zu verwerfende Stücke. Ist ihnen dann die Empfehlung des Bundes zu versagen? Hier wird es Reibungen im einzelnen geben, über deren Verlauf alle rein theoretischen Vermutungen wertlos sind.

Darf ich ganz persönlich sagen, weshalb ich mich entschlossen habe, dem Werkbunde mit der Feder zu dienen?

An sich würde es mir fernliegen, mich einer einzelnen Gewerbegruppe aktiv anzuschließen und sei es die vortrefflichste von ihnen, denn die verschiedenen Wirtschaftsgruppen müssen ihre Kämpfe für sich allein und mit ihren eigenen Kräften führen. Ich würde auch dem Werkbunde, wenn er nichts anderes wäre als eine Interessenvertretung, nicht anders gegenüberstehen als sonst einer Gewerkschaft der Arbeiter oder einem freiheitlich gerichteten Unternehmerverein. Dieser Bund geht aber weit über eine solche Gruppenvertretung hinaus und ist bei aller gewerblichen Grundlage ein Gesinnungsverband und ein nationales Unternehmen. Was er als Gesinnungsverband leisten soll, ist in den bisherigen Darlegungen schon enthalten und braucht hier nur kurz wiederholt zu werden: Hebung des Wertes der Arbeit und damit der arbeitenden Menschen, Schaffung einer Kultur, die auf Achtung vor wahrer persönlicher Leistung beruht. Was aber der Werkbund als nationales Unternehmen bedeuten kann, bedarf noch einiger Worte. Ich stelle den Werkbund in dieser Hinsicht in Vergleich mit den Bestrebungen, den Gedanken der deutschen Flotte volkstümlich zu machen, nur mit dem Unterschiede, daß es sich hier um eine Organisation handelt, die unpolitisch ist und keinerlei offizieller Bevormundung oder Hilfe bedarf.

Der Flottengedanke ist der Ausdruck für die Wendung des deutschen Geistes zur Weltwirtschaft und Weltpolitik. Der Ausdruck „Weltwirtschaft" mag etwas übertrieben klingen, wir wissen aber alle, was damit gemeint ist. Unser Volk tritt ein in das Zeitalter des erdumspannenden Wirtschaftssystems, in dem die einzelnen Volkswirtschaften nur Teile sind. Kein Teil der bewohnbaren Erde lebt mehr für sich allein, wir kaufen und verkaufen, wir arbeiten für das Ausland und lassen das Ausland für uns arbeiten. Diesem neuen Zustande muß sich die Politik anpassen. Das ist der Sinn des Flottenvereins. Ihm muß sich aber auch unsere Arbeitsweise anpassen.

Das ist der Sinn des Werkbundes. Auch im Werkbunde spricht man von Ausfuhr und Einfuhr, von Heimatsmarkt und Auslandsmarkt, und zwar ist die Absicht des Werkbundes eine solche Emporhebung der deutschen Arbeitsqualität, daß wir mit unserer hoch geschulten Arbeit große Quantitäten und beste Qualitäten von Rohstoffen und Nahrungsmitteln einkaufen.

Es sei gestattet, kurz davon zu reden, was in der Praxis das Wort Sozialismus bedeutet! Wenn man ihm sein theoretisches Kleid hinwegnimmt und ganz einfach fragt: Was will oder sucht die Masse, die dem Sozialismus folgt? so kommen wir zu dem Ergebnis, daß sie einesteils ideale Güter erstrebt, wie Bildung, Erziehung, politischen Einfluß und gesellschaftliche Achtung, und anderntheils materielle Güter, wie bessere Wohnungen, Luft und Licht, gesunde, wirklich stärkende Ernährung, eine anmutende Einrichtung des Lebens. Beides aber setzt voraus, daß wir uns den Qualitätsgewerben immer mehr zuwenden, denn nur in ihnen gewinnt die einzelne Arbeitskraft denjenigen persönlichen Wert, der sie auch bürgerlich „frei" macht, und nur durch sie erlangen wir diejenige Kaufkraft, die uns erlaubt, unsere Volksmasse gut zu versorgen. Das bezieht sich selbstverständlich nicht bloß auf die kunstgewerblichen Tätigkeiten, sondern auf alle Arbeitsgebiete. Auch in der Landwirtschaft oder im Maschinenbau müssen wir die beste Arbeitsleistung und Arbeitserziehung gewinnen. Unser ganzes Schulwesen muß viel mehr auf praktische Tüchtigkeit hin durchgebildet werden. Das Volk braucht Kunst, das heißt, Menschen, die etwas können. Das ist die Quelle aller sozialen und wirtschaftlichen Fortschritte. Ohne diese Grundlage können wir mit aller Gesetzgebung das Durchschnittsleben des

Volkes nicht wesentlich emporheben. In dieser Richtung aber kann der Werkbund eine führende Größe werden, denn die Erziehung des Volkes zum persönlichen Können ist hier am meisten notwendig.

Wir wollen „den Weltmarkt erobern“. Mit welchen Erzeugnissen wollen wir das? Unsere Landwirtschaft reicht kaum für den eigenen Bedarf. Mit ihr können wir nicht in die weite Welt gehen, da wir viel Brot, Obst, Reis, Kaffee und anderes vom Auslande kaufen müssen, um den deutschen Tisch zu befriedigen. Überhaupt haben wir keine Rohstoffe zu versenden, kein Holz, kein Metall. Was wir versenden können, ist unsere Arbeit. Gewöhnliche, ungeschulte Arbeit aber hat auf dem Weltmarkt keinen Wert, denn gewöhnliche Arbeit gibt es überall. Was bezahlt wird, ist gestaltende, formgebende, mit Geist und Charakter gesättigte Arbeit. Sie allein schafft volkswirtschaftliche Werte. An ihr hängt unsere nationale Zukunft.

Auf dem Gebiete der Krafterzeugungsmaschinen haben wir Deutschen den Weg zum großen Markte gefunden, auch teilweise auf dem der Werkzeugmaschinen, aber sonst überlassen wir noch vielfach die besten Gewinne den Völkern mit älterer künstlerischer Kultur, insbesondere den Engländern und Franzosen. Können wir, können die Deutschen nicht die Wohnungsausstattung des Erdkreises beeinflussen? Das wäre ein Gewinn von wunderbarer Größe. Ob wir es aber können? Sicher nicht, solange wir nur Nachahmer der Antike oder der Franzosen und Engländer sind. Zur kunstgewerblichen Markteroberung gehört originale Leistung, deutscher Stil, der sich in der übrigen Welt durchsetzt. Es sei an den Erfolg des deutschen Kunstgewerbes auf der Weltausstellung in St. Louis erinnert. Da ging es den Amerikanern zum ersten Male auf, daß auch die Deutschen Geschmack haben können. Die plumpen Deutschen fangen an und machen feine Sachen! Das ist unser neuester nationaler Erfolg. Hier muß weitergearbeitet werden. Dazu genügt es aber nicht, daß wir einige Gewerbekünstler besitzen, die etwas taugen, sondern dazu muß die deutsche Ware im ganzen den Eindruck der Sicherheit machen. Ein schönes Ziel! Aber — wer sagt, wie lang der Weg ist?

Wir können keine wirtschaftlichen Eroberungen im Auslande machen, solange wir uns nicht durch gewerbliche Verbesserung unserer deutschen Heimat einen neuen Ruf erworben haben. Es dauert lange, ehe wir den übrigen Völkern Achtung abnötigen. Um nur weniges zu sagen: Paris hat einen kunstgewerblichen Klang seit Jahrhunderten, Berlin aber hat noch heute keinen eigenen Gewerbecharakter. Wien ist besser berühmt als Berlin, denn es hat mehr eingelebte Form. Wir haben bis vor kurzem immer nur auf Borg gelebt, einmal vom Süden, einmal vom Westen. Unsere Schlösser, unsere Rathäuser — wieviel fremde Architekten! Und dann die neuen Protzenstraßen mit vielen Dutzenden von korinthischen Säulen! Dieses Volk soll ein Kunstwerk werden? Wer wird es glauben?

Ja, wer hat uns vor einem halben Jahrhundert denn überhaupt geglaubt, daß wir ein Volk werden würden? Es ist aus den Deutschen schon viel mehr geworden, als es den äußeren Anschein hatte. Das arme, zerbröckelte Deutschtum hat sich emporgearbeitet. Erst schuf es sich eine Literatur (Lessing, Schiller, Goethe), dann eine Philosophie (Kant, Fichte, Hegel, Schelling), dann eine Wissenschaft (Ranke, Mommsen, Helmholtz), dann eine Politik (Bismarck), dann eine Metallindustrie (Krupp, Stumm, Siemens), und nun fängt es an, seine Fertigfabrikation auf eine entsprechende Höhe zu bringen. Dieser Vorgang ist von allgemeiner geschichtlicher Bedeutung. In diesem Sinne war die Dresdner Gewerbeausstellung von 1906 ein historisches Ereignis.

Der Werkbund als Bund oder Verein hat, wie wir schon sagten, nur so viel Wert, als er gestaltende Kräfte in sich hat, weckt und fördert, als er ausführende Kräfte hebt und in ihrer Leistung steigert, als er den öffentlichen Sinn für gute und ehrliche Arbeit belebt. Jetzt fügen wir hinzu: Er hat so viel Wert, als es ihm gelingt, sich zum Organ der nationalen Gewerbeentwicklung zu machen. Alle diese Aufgaben hängen unter sich zusammen. Wie aber soll es der Verein anfangen, ihnen gerecht zu werden?

Es ist seit einigen Jahren gelegentlich von der Notwendigkeit eines Zusammenschlusses der Gewerbekünstler und Unternehmer gesprochen worden. Daß dabei auch die bereits bestehenden kunstgewerblichen Organisationen in Betracht gezogen wurden, versteht sich von selbst. Keine von ihnen wird geneigt sein, grundsätzlich für die neudeutsche Gewerbekunst einzutreten. Das kann ohne alle Gegnerschaft ausgesprochen werden, da es von den bestehenden Verbänden selbst abgelehnt wird, sich zum Organ der neuen Bewegung zu machen. Es bleibt aber trotzdem die Frage offen, ob man nicht noch einige Jahre warten solle. Der starke Eindruck der Dresdener Ausstellung hat den Entschluß beschleunigt. Die Dinge sind in Fluß, und es scheint, daß der rechte Zeitpunkt des Organisierens gekommen ist.

Was bis heute vorliegt, ist die Münchener Zusammenkunft im Oktober vorigen Jahres. Verfassung und Arbeitsordnung sind bis jetzt zwar durchberaten, aber noch nicht beschlossen. Es kann darum auch unsererseits keine Angabe über die Einzelheiten des Werkbundes gemacht werden. Wer Auskunft über den jetzigen Bestand der Organisation wünscht, wende sich an die „Geschäftsstelle des Deutschen Werkbundes", Dresden, Blasewitzer Straße 17.

Das, was feststeht, ist etwa folgendes: Der Bund hat eine Abteilung für Hersteller (Künstler, Unternehmer, Angestellte, Arbeiter) und eine Abteilung für sachverständige Kunstfreunde. Der Schwerpunkt der Organisation liegt in der Hand der Schaffenden. Nötig werden sein ein Senat für Kunstangelegenheiten, ein geschäftsführender Ausschuß für Bundesverwaltung und eine Generalversammlung als oberste Instanz bei Organisationsveränderungen, Wahlen und weitreichenden Finanzfragen. Alle Beteiligten müssen zu den Unkosten der gemeinsamen Unternehmung nach einem Tarife beitragen, der erst festgestellt werden soll. Es wird sich von vornherein um ziemlich beträchtliche Ausgaben handeln, wenn man den verschiedenen Aufgaben auch nur einigermaßen genügen will. Die Vorarbeiten für die Organisation werden einer nächsten Münchener Versammlung vorgelegt werden, die im Sommer dieses Jahres im Anschluß an die dortige Ausstellung einberufen werden soll. Die Mitgliedschaft wird vom Ausschuß erteilt.

FSC
www.fsc.org
MIX
Papier | Fördert
gute Waldnutzung
FSC® C083411

Kolibri 360 GmbH
Ferdinand-Jühlke-Straße 7
99095 Erfurt, Deutschland
produktsicherheit@kolibri360.de